REAL LIFE MATHS CHALLENGES

数学思维来帮忙

  动物医生

[美] 约翰·艾伦/著　马昭/译

U0392325

北京时代华文书局

图书在版编目（CIP）数据

数学思维来帮忙. 动物医生 / （美）约翰·艾伦著；马昭译. — 北京：北京时代华文书局，2020.12
ISBN 978-7-5699-4012-1

Ⅰ. ①数… Ⅱ. ①约… ②马… Ⅲ. ①数学—儿童读物 Ⅳ. ①O1-49

中国版本图书馆CIP数据核字(2020)第261938号

北京市版权局著作权合同登记号 图字：01-2020-3972

拼音书名 | SHUXUE SIWEI LAI BANGMANG DONGWU YISHENG

出 版 人 | 陈　涛
选题策划 | 许日春
责任编辑 | 沙嘉蕊
责任校对 | 薛　治
装帧设计 | 孙丽莉
责任印制 | 訾　敬

出版发行 | 北京时代华文书局 http://www.bjsdsj.com.cn
　　　　　北京市东城区安定门外大街138号皇城国际大厦A座8层
　　　　　邮编：100011 电话：010-64263661 64261528
印　　刷 | 河北环京美印刷有限公司　　电话：010-63568869
　　　　　（如发现印装质量问题，请与印刷厂联系调换）
开　　本 | 889 mm×1194 mm　1/16　印　张 | 2　字　数 | 30千字
成品尺寸 | 210 mm×285 mm
版　　次 | 2023年7月第1版　　印　次 | 2023年7月第1次印刷
定　　价 | 224.00元（全8册）

目 录
Contents

数学真有趣

数学在人们日常生活的方方面面都很重要。无论是做游戏、骑自行车还是购物——事实上，我们总是在运用数学！运用数学通常也是工作中的重要部分，动物医生照顾动物的时候都能用到数学。本书包含了关于动物医生工作的真实数据和事实，以及他们如何帮助濒危动物生存下去。运用你的数学知识和计算能力，体验做一名动物医生的真实感受。

挽救动物的生命是什么感受？

带上你的医疗设备，看看在动物园里夜以继日地待命是什么感觉吧！

数学活动

在回答部分问题时，你需要从数据表中收集一些数据。有时你还需要从表格或图表中收集事实和数据。

在进行部分计算和解答问题时，你可能还需要准备一支笔，以及一个笔记本。

在这样的方格中，你会发现很多关于野生动物，以及动物医生工作的令人惊奇的细节！

出问题的鬣狗

有一只鬣狗病了——它呕吐了。在检查后发现，呕吐物闻起来是甜的，里面有铝箔片和一种看起来像巧克力的物质。应该是有人把巧克力糖扔到鬣狗的圈舍里了。很多动物，包括狗，都可能被巧克力毒死。动物医生试图对其进行治疗并在鬣狗康复期间提供相应帮助。

治疗鬣狗

动物园管理员把鬣狗带到动物园医院的治疗室，把一根叫作导管的细管插入鬣狗一条前腿的静脉。导管是用来给鬣狗输入紧急药物和抽取用来检测的血液样本的。

你需要给鬣狗输液，以维持它的血压，防止它休克。每1小时，你必须按照每500克体重5毫升的计量给它输液。鬣狗的体重是30千克。

34 每小时你需要给鬣狗输入多少毫升液体？

35 每分钟有多少毫升液体会输入到鬣狗体内？

36 每分钟会有多少滴液体输入到鬣狗体内？（1毫升＝20滴）

关于动物保育的小知识

动物园的游客经常将自己的食物扔到动物的圈舍中。有时，他们从围栏外面生长的灌木丛中摘下叶子，不管这些叶子是否有毒，就将它们扔进去。动物园中的告示板要求游客不要喂食动物，这一点永远不要忽视。

18

需要帮助吗?

- 如果你不太确定有些数学问题应该如何解答,可以翻到第28—29页。我们为你准备了很多小提示,来帮你找到思路。
- 翻到第30—31页,看看你的答案对不对吧。
  (请你先尝试所有的活动和挑战,再来查看答案哟。)

数据表 **食物表格**

动物的名字	有利于健康的食物							有毒的食物			
	草	玉米	面包	鸡肉	带骨头的肉	稻草	蔬菜	肉	巧克力	黄杨	千里光
大象		√	√			√	√	√			
亚洲狮				√	√					√	
斑马	√					√					
袋鼠	√		√				√				√
狼				√	√					√	

数学事实和数据

为了完成一些数学活动,你需要从这样的数据表中获得信息。

雌性鬣狗的规则

雌性斑鬣狗比雄性斑鬣狗有更多的肌肉,也更具攻击性。每个族群中地位最高的雌性成员被称为"阿尔法"雌狗,带领族群的雄性和其他雌性成员。

特殊的饮食

许多动物都有特殊的饮食习惯,如果它们吃错了食物,可能会生严重的疾病,甚至死亡。

研究数据表中的食物信息并回答问题。

37 哪些动物喜欢吃:
a)草 b)面包 c)鸡肉

38 哪些动物不能吃:
a)巧克力 b)肉
c)黄杨 d)千里光

更多的数学活动

一些页面中有更多的数学活动可供你来尝试。拿上你的笔、尺子和笔记本(用来计算问题并列出答案)。

19

去救援

动物园的一个重要功能是拯救濒危的野生动物。动物医生在把新动物带进动物园的过程中起到了至关重要的作用。一头雌性亚洲象遇到了麻烦，动物园同意把它带到新的大象圈舍。在从机场出发到动物园的路途中，需要用板条箱来运送大象。动物医生的工作是确保箱子足够大，以免大象受到伤害。

板条箱的正确尺寸

动物园的工作人员为运输大象使用的板条箱画了一些设计图。所有的设计都使用了非常坚固的材料，可以承受任何的踢打，但同时他们也要考虑到大象的所有需求。

箱子的规格如下：

• 箱子必须比大象的身高略高。

• 大象必须能够坐下来、站起来，还能在箱子里转身。

• 箱子的顶棚应该由细网格或麻布（粗布）制成。

• 箱子必须通风（有气孔）。

在下一页的数据表中查看板条箱的设计图。

1 你会选择哪个板条箱？

2 为什么？

3 大象在板条箱中时，上方留有的空间是多高？

（第28页有小提示，可以帮你回答这些问题。）

关于动物保育的小知识

为了让大象在旅途中保持清洁和干燥，旅行板条箱的地板必须能够排出大象的尿液。这种活动地板由金属网格制成，地板与板条箱底部之间的空隙可以排出尿液。地板和箱壁都铺有橡胶垫子，在旅途中可以起到保护动物的作用。地板也必须很舒适，可以让动物躺在上面，所以地板的橡胶垫子上还要覆盖一层厚厚的稻草。

身长：5.5米

重量：3.5吨

高度：2.4米

设计板条箱

下方所有单位都是米

a) 交叉横杠金属盖子

7米
4米
3.5米

b) 实心金属盖子

所有的板条箱都有气孔

4米
4米
7米

c) 实心木制盖子

4米
6.5米
3米

d) 细网格盖子

6米
3米
6米

e) 粗麻布盖子

6米
4.5米
6米

f) 无盖

4米
4.5米
4.5米

哪种形状？

动物园的维护人员建造了一些形状不同寻常的板条箱。

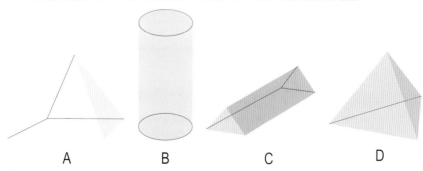

A   B   C   D

4 将名称与形状相互匹配：圆柱体，四面体，四棱锥，三棱柱。

5 哪两个形状有五个面？哪个形状有五个顶点？

6 哪种形状有最少的面？

（第28页有小提示，可以帮你回答这些问题。）

让大象保持镇静

在大象被运送到新家之前，首先需要用一种温和的镇静剂来让它保持镇静，并确保它在旅途中不会感到恐慌或伤害自己。使用正确的剂量至关重要。

剂量是多少？

数值可以写成小数或者分数的形式。这些是计算出给大象使用的镇静剂的剂量所必需的。

7 在下方的表格中，填写对应的分数、算式或小数。

1 ÷ 2	?	0.5
1 ÷ 4	?	?
?	?	0.75
?	$\frac{1}{10}$	?

8 20、80、800的 $\frac{1}{4}$ 分别是多少？

9 100和50的 $\frac{1}{10}$ 分别是多少？

这头大象重达3.5吨。每1吨的体重需要250毫克（mg）的镇静剂。

10 这头大象需要多少毫克的镇静剂？

11 每毫升注射液中，有50毫克镇静剂。给大象注射镇静剂，共需要多少毫升的注射液？

（第28页有小提示，可以帮你回答这些问题。）

在镇静剂发挥作用期间，动物医生用一根小棍子把大象的鼻孔撑开，这样可以让大象正常呼吸。

关于动物保育的小知识

就像人类一样，密切关注大象的整体健康也很重要。每天检查它们的掌垫和趾甲，可以确保它们健康并保持快乐。

测量

一名动物医生必须会读取不同的测量值。下面的容器中，各盛了多少药？

12 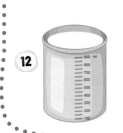 **13**  **14**  **15** 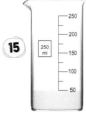 **16**

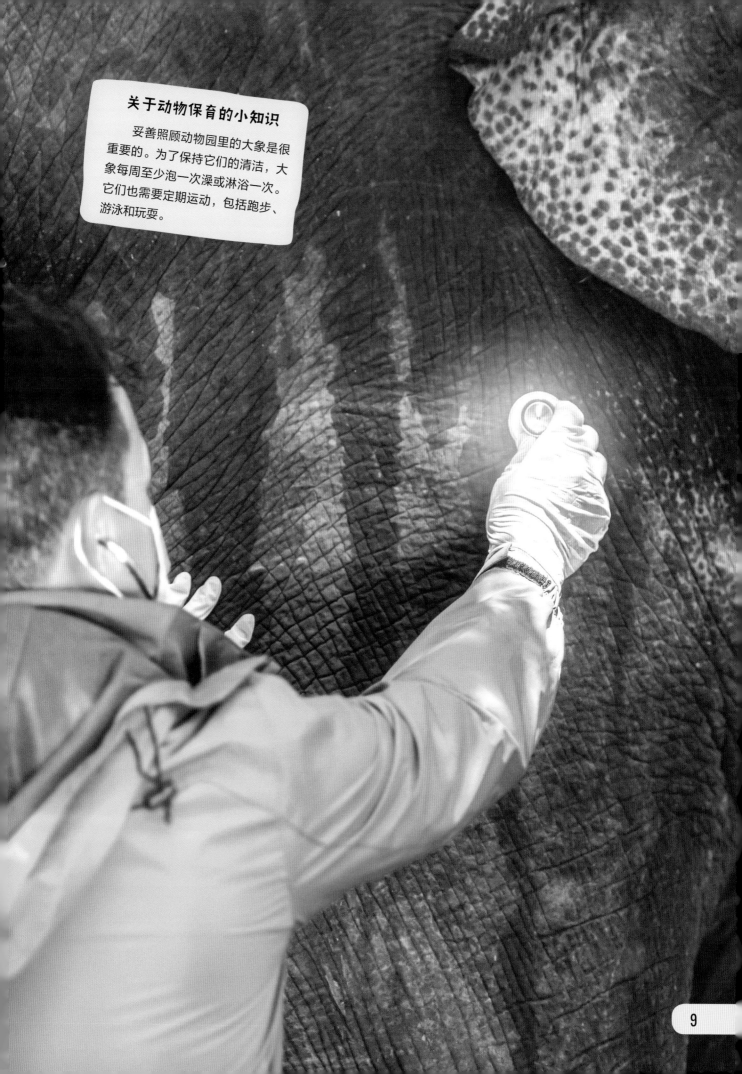

关于动物保育的小知识

妥善照顾动物园里的大象是很重要的。为了保持它们的清洁，大象每周至少泡一次澡或淋浴一次。它们也需要定期运动，包括跑步、游泳和玩耍。

开始移动

当大象完全镇静后，它会被带到旅行用的板条箱里。从围栏的门到板条箱后面的小路用粗麻布罩着，防止它看到任何可能会让它害怕或不安的东西。饲养员用它喜欢吃的树叶枝条吸引它，温柔地把它哄进板条箱里。它已经准备好去它的新家了。

选择正确的旅程

为了确保大象安全到达，仔细规划它的旅行路线是非常重要的。

有3种可能的路线。要确定最佳路线，请考虑以下事项：

- 卡车行驶很缓慢，因此最好选择最短的路线。

- 要搬运大象，卡车必须足够高，因此需要避开矮小的桥。

- 需要每3小时停下来检查一下它，并给它食物和水。

- 最好避免走蜿蜒曲折的路，以确保它不会跌倒。

查看下一页数据表中的3条路线。每条路线的一小格代表半小时（30分钟）的旅程时间。

(17) 哪条路线的旅程时间最短？

(18) 最快的旅程一共需要多长时间？

（别忘了，每3小时要花30分钟进行一次检查和喂食。）

关于动物保育的小知识

美国大多数动物园都参与了物种生存计划。该计划的重点是确保面临灭绝危险的物种的生存。特别育种计划是该计划的一部分，大象是濒临灭绝的物种之一。

关于大象的小知识

大象是少数能在镜子中认出自己的动物。这显示了大象是多么聪明。大部分的动物会认为镜中的影像是另外的动物，并到镜子后面去找它。

有关大象的小知识

雌性大象生活在关系紧密的群体里，由一只处于支配地位的雌象领导。这个群体包括了其他雌性亲戚和它们的小象。

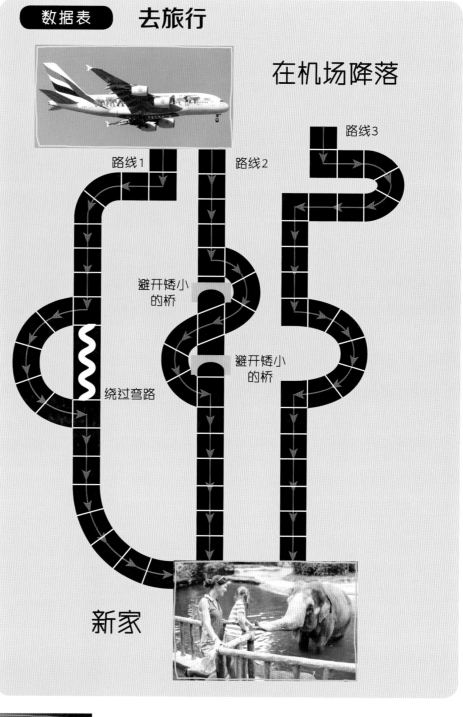

数据表　　去旅行

在机场降落

路线1　　　路线2　　　路线3

避开矮小的桥

绕过弯路

避开矮小的桥

新家

根据数据表里的路线来回答这些附加题：

19 如果你选择了路线3，将需要进行多少次检查和喂食？

20 如果旅程长达30小时，中间你停下来检查和喂食了多少次？（别忘了每次要花30分钟）

21 如果卡车在早上9时离开机场并驶上路线2，你需要在几时进行第二次检查和喂食？

11

一个新家

当大象到达了它的新家，它需要时间从长途旅行中恢复过来，并探索新环境。它会想要知道圈舍的安全区在哪儿，还有在哪里可以找到食物和水。起初，它被独自关在圈舍里，但很快它会看到或闻到附近的一头雄象。动物园管理员安静地观察着它并给它很多蔬菜和水果。这些食物含有大量的水分，让雌象进食并且摄入足够的水分是很重要的。

需要多少食物？

一个动物医生必须确切地知道，为了确保一只动物的健康，需要给它提供多少食物。

数据表中将大象的食物分成了100份，其中有15个苹果。它可以表示为 $\frac{15}{100}$ 或者15%。符号%表示百分比。

22 大象的食物中有多少香蕉？请将你的答案用分数或百分数表示。

23 卷心菜在食物中所占的百分比是多少？

24 干草和甘蔗一共在食物中占多少？请用分数或百分数表示。

（第28页有小提示，可以帮你回答这些问题。）

有关动物保育的小知识

动物们通常不会马上在新环境里吃东西，所以葡萄糖粉（糖）和电解质（盐）会被添加到它们的饮用水中，为它们提供能量。

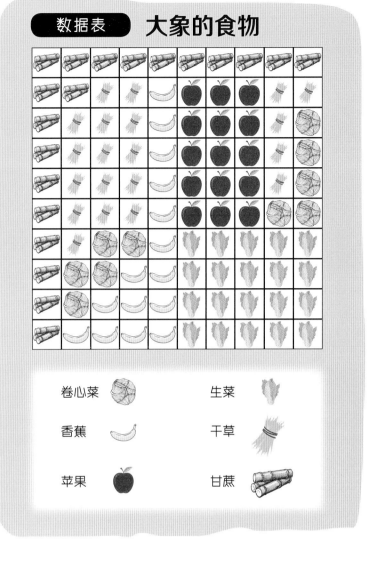

数据表 大象的食物

卷心菜	生菜
香蕉	干草
苹果	甘蔗

需要多少捆干草？

大象饲养员在动物园里开着一辆叫作"鳄鱼"的小电动车，一直忙着收集成捆的干草，来为大象做一张舒服的床。

一捆草长2米，宽1米。大象的床需要长8米，宽6米。

25 鳄鱼车上显示了一部分的草捆。鳄鱼车上还能再装多少捆草？是8捆、14捆、16捆还是18捆呢？

26 做一张床需要多少捆草？

27 如果一张床只需要半捆草那么厚，一捆草可以分为两半。那么一张床需要多少捆草？

检查寄生虫

是时候检查一下动物园里所有的动物有没有寄生虫了。寄生性的蠕虫可能引起动物腹泻或体重减轻。这种蠕虫在动物的胃里产卵，然后产下的卵通过动物的粪便（固体排泄物）排出并留在地上。当动物在它们的圈舍中吃草和其他植物时，它们有时也会吃进蠕虫的卵。接着这些蠕虫卵返回到动物的胃里，发育出更多的蠕虫。动物园所有动物一年都需要检查两次，确保寄生虫不会在它们的体内聚集，使它们生病。

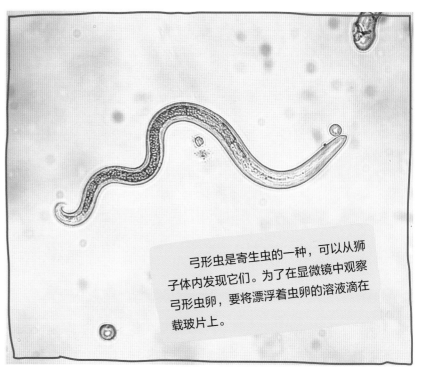

弓形虫是寄生虫的一种，可以从狮子体内发现它们。为了在显微镜中观察弓形虫卵，要将漂浮着虫卵的溶液滴在载玻片上。

检查寄生虫

戴上手套后，动物医生和饲养员从园内所有动物的圈舍中收集粪便。然后他们对粪便进行检测，以检查是否有蠕虫。动物胃里的蠕虫数量取决于新生蠕虫的出生有多快。

如果蠕虫的数量每4周变为之前的2倍，我们可以做出下表。

周数	0	1	2	3	4	5	6	7	8	9	10	11	12
蠕虫的数量每4周增加一倍	1只虫				2只虫				4只虫				8只虫

28 请在下表中的问号处填上相应的数字。

周数	0	1	2	3	4	5	6	7	8	9	10	11	12
蠕虫的数量每3周增加一倍	1只虫			2只虫			?			?			?
蠕虫的数量每2周增加一倍	1只虫		2只虫		?		?		16只虫		?		?
蠕虫的数量每1周增加一倍	1只虫	2只虫	?	?	?	?	?	?	?	?	?	?	?

动物医生的日志

●动物园的一些围栏中住着整个动物家庭，所以需要从不同的粪便堆收集少量粪便，确保每一只动物都被采样。

●有些蠕虫并不是每天都会产卵，所以需要连续3天收集粪便样本。

●每个粪便样本都要拿到动物园实验室中检测。每个样本取出3克粪便并加水，然后用玻璃棒搅拌混合物，将粪便溶解。

●然后将液体筛入试管。微小的蠕虫卵经过滤网，随着液体流入试管。

●试管被放入一个叫作离心机的机器中。离心机以非常高的速度旋转，迫使所有的虫卵进入试管底部。然后试管中的水被倒掉。

●在试管中加入一种使虫卵漂浮起来的特殊溶液。然后用移液管收集虫卵，并在显微镜下计数。

有多少个虫卵？

雌性弓形虫会产下大量的虫卵。

㉙ 一只弓形虫会在每1克狮子粪便中产下700个卵。如果一头狮子体内有一只弓形虫，并且一天产出800克粪便，一天会产生多少个虫卵？

（第28页有小提示，可以帮你
回答这个问题。）

给动物们驱虫

动物园的所有动物们要打一种叫作驱肠虫剂的驱虫药，即使从圈舍中收集的粪便样本并没有蠕虫的迹象，也要一年打两次。样本并不会包含所有的动物粪便，可能仍有1或2只动物体内会有蠕虫。一只已知有蠕虫的动物会更加频繁地被驱虫。动物医生们会在动物饥饿时给它们少量的食物，在里面加入驱虫粉。等动物们吃完这些食物，它们才会得到更多的食物。这样一来兽医可以确保它们已经吃掉了驱虫药。

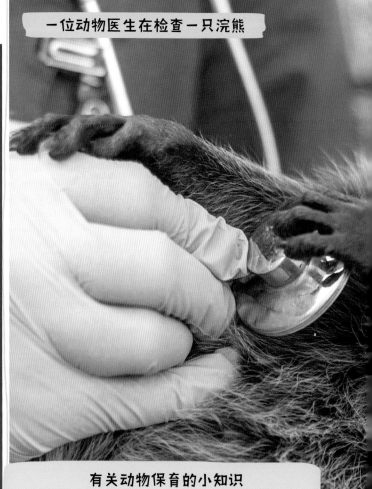

一位动物医生在检查一只浣熊

灵长类动物们的体重

动物医生通过动物的体重来决定每只动物需要的驱虫剂剂量。动物园的灵长类动物每500克体重需要25毫克的驱虫药。

数据表显示了动物园内许多灵长类动物的体重。运用数据表中的数据来回答下列问题。

30 最重的灵长类动物需要多少毫克的驱虫药？

31 哪个灵长类动物最轻？

32 说出比成年雄性环尾狐猴重，但比成年雌性疣猴轻的灵长类动物的名字。

33 其中一只灵长类动物和它的旅行箱共重3.22千克。空箱子重2.54千克。这个灵长类动物是什么？

（第28页有小提示，可以帮你回答这个问题。）

有关动物保育的小知识

有时，驱虫药会作为一种治疗手段加到动物们通常不被允许吃的食物里。疣猴、蜘蛛猴、狄安娜长尾猴、沼泽猴的驱虫药在三明治里，低糖黑加仑饮料则被用来招待猩猩。

数据表 灵长类动物的体重表（约）

灵长类动物	成年雄性	成年雌性
黑猩猩	140千克	80千克
红猩猩	80千克	43千克
长臂猿	6.8千克	6.8千克
环尾狐猴	4千克	3千克
吼猴	9千克	9千克
金丝猴	680克	680克
跳猴	340克	340克
疣猴	12千克	9千克
蜘蛛猴	11千克	11千克
狄安娜长尾猴	10千克	10千克
沼泽猴	9千克	9千克

出问题的鬣狗

有一只鬣狗病了——它呕吐了。在检查后发现，呕吐物闻起来是甜的，里面有铝箔片和一种看起来像巧克力的物质。应该是有人把巧克力糖扔到鬣狗的圈舍里了。很多动物，包括狗，都可能被巧克力毒死。动物医生试图对其进行治疗并在鬣狗康复期间提供相应帮助。

治疗鬣狗

动物园管理员把鬣狗带到动物园医院的治疗室，把一根叫作导管的细管插入鬣狗一条前腿的静脉。导管是用来给鬣狗输入紧急药物和抽取用来检测的血液样本的。

你需要给鬣狗输液，以维持它的血压，防止它休克。每1小时，你必须按照每500克体重5毫升的计量给它输液。鬣狗的体重是30千克。

34 每小时你需要给鬣狗输入多少毫升液体？

35 每分钟有多少毫升液体会输入到鬣狗体内？

36 每分钟会有多少滴液体输入到鬣狗体内？（1毫升＝20滴）

关于动物保育的小知识

动物园的游客经常将自己的食物扔到动物的圈舍中。有时，他们从围栏外面生长的灌木丛中摘下叶子，不管这些叶子是否有毒，就将它们扔进去。动物园中的告示板要求游客不要喂食动物，这一点永远不要忽视。

数据表　食物表格

动物的名字	有利于健康的食物							有毒的食物			
	草	玉米	面包	鸡肉	带骨头的肉	稻草	蔬菜	肉	巧克力	黄杨	千里光
大象		√	√			√	√	√			
亚洲狮				√	√				√		
斑马	√					√				√	
袋鼠	√		√				√				√
狼				√	√				√		

雌性鬣狗的规则

雌性斑鬣狗比雄性斑鬣狗有更多的肌肉，也更具攻击性。每个族群中地位最高的雌性成员被称为"阿尔法"雌狗，带领族群的雄性和其他雌性成员。

特殊的饮食

许多动物都有特殊的饮食习惯，如果它们吃错了食物，可能会生严重的疾病，甚至死亡。

研究数据表中的食物信息并回答问题。

37 哪些动物喜欢吃：
a）草　b）面包　c）鸡肉
38 哪些动物不能吃：
a）巧克力　b）肉
c）黄杨　　d）千里光

狐獴的领地

再过几个星期，动物园会迎接一些新来的动物。目前动物园工作人员正在准备欢迎狐獴一家。狐獴主要生活在干旱的沙漠地区。它们可以很快地把一个地方变成一连串的洞和隧道。动物饲养员已经为狐獴们选了一块干燥的泥土地，在那里有供狐獴部落睡觉的隧道。饲养员现在需要安装围栏。

有关狐獴的小知识

狐獴吃昆虫、蝎子、小蜥蜴、蛇和鸟蛋。它们也吃树根和球茎。狐獴对蝎子和蛇类的毒液免疫。它们生活在干旱的地区，它们从所吃的食物里获取水分。

有关狐獴的小知识

狐獴非常擅于挖洞，这得益于它们长长的、强壮的、弯曲的爪子。每个狐獴家族在野外通常有5个不同的洞穴可供居住。每个洞穴都有多个入口，洞穴可达7.3米深。

如何饲养狐獴？

安装围栏时，你必须知道这些注意事项：

围栏要圈出一个长90米、宽40米的矩形圈舍。

39 围栏的周长是多少？

40 如果每块围栏板宽2米，整个围栏需要多少块围栏板？

（第29页有小提示，可以帮你回答这些问题。）

围栏

动物园希望动物们拥有尽量大的空间。他们还希望游客们能大饱眼福，所以圈舍的围栏越长越好。

请你看看下面这些动物圈舍的图画。

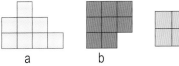

a   b   c   d

41 观察每个圈舍的内部空间，你发现了什么？

42 哪个围栏最长？（周长）

（第29页有小提示，可以帮你回答这些问题。）

有关狐獴的小知识

在野外，狐獴群总是要有一只狐獴充当守卫。狐獴守卫将爬上最高的岩石、白蚁丘或灌木丛，两条腿直立站着。它们将以特殊的叫声宣布守卫开始上班了。它们下班时，会发出另一种叫声，这被称为"守望者的歌曲"。

狐獴的食物

其中一只狐獴体重变轻了，可能的原因有很多。例如，它可能口腔疼痛或有蛀牙，也可能是动物饲养员没有喂够食物，或者它感染了寄生虫。动物医生不确定问题是什么，因为狐獴看起来好像没生病，它的眼神仍然明亮，并保持警觉和活跃。它的饲养员决定单独喂养它并监测它的体重。

狐獴体重表

每天在喂食的时候，这只狐獴都单独进食，并且获得额外的食物。体重秤安装在房子里，而食物放在秤上。这样就可以在它吃饭的时候检查体重了。它获得了足够的食物，逐渐开始增重。

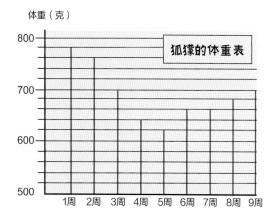

体重（克）

狐獴的体重表

这张图表显示了它几周来体重的变化。它健康的体重情况是在第一周。

43 它的健康体重是多少？

44 它的体重有多少周在降低？

45 从第5周到第6周，它的体重增加了多少？

46 在第8和9周，它以稳定的速度增加体重。我们怎么知道的？

47 如果狐獴继续以这种稳定的速度增重，它还需要多少周才能接近它的健康体重？

（第29页有小提示，可以帮你回答这些问题。）

关于狐獴的小知识

狐獴不是猫。众所周知，它们会杀死贪吃的蛇，而且它们是作为集体一起行动的。狐獴对蛇毒免疫。

关于狐獴的小知识

当守卫者发现食肉动物时，它会用叫声来警告家族的其他成员。对于陆地掠食者和来自天上的敌人，狐獴会有不同的警示。当警报响起时，狐獴通常会跑向最近的洞，那里被称为藏身点。

在哪里放置食物？

48 这个网格的边缘是狐獴圈舍的围栏。食品已被放置在点（3，1）和点（1，3）。在远离围栏的地方，还有哪些网格点可以放置食物？

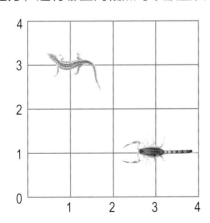

（第29页有小提示，可以帮你回答这个问题。）

钱很重要

因为人类非法捕猎或破坏了动物的自然栖息地，许多野生动物物种濒临灭绝。动物园经常参与重要的保护和研究工作。这些动物园给濒危动物提供了安全的生活场所。他们还会进行繁育工程，并研究动物以找到帮助它们在野外生活的方法。然而，这些事需要很多资金，经营动物园每年要花费几十万元。动物园管理员会以多种方式筹集资金以支持自己的工作，包括门票收入、捐赠、动物收养收入和礼品店销售收入。

数据表 礼品店价目表	
圆珠笔（三支）	¥3.00
火烈鸟玩具	¥7.99
长颈鹿玩具	¥2.50
猩猩T恤	¥14.95
狮子帽	¥6.95
笔记本	¥3.75
大猩猩玩具	¥4.00
铅笔盒	¥3.50
明信片	¥2.00
斑马玩具	¥4.99

动物园的预算

动物园礼品商店向游客出售许多有趣的物品，商店赚的钱用于支付照顾动物的费用。

使用数据表中的价目表来帮助你回答以下问题。

49 1件猩猩T恤和1个斑马玩具的总价格是多少？

50 买1个长颈鹿玩具，如果你只有1张5元纸币，需要找零多少？

51 如果你买了1顶狮子帽，付10元可以得到多少零钱？

52 明信片每张2元，16元你能买多少明信片？

53 你用9元能买到哪一组物品？

　　a）1个铅笔盒和3支圆珠笔

　　b）1个大猩猩玩具和1个斑马玩具

　　c）1本笔记本和1个火烈鸟玩具

54 一位游客把钱放进动物园的捐赠箱里：5个1元硬币、9个1角硬币、4张5元纸币。这个访客一共捐了多少钱？

（第29页有小提示，可以帮你回答这些问题。）

收养项目

许多动物园都有收养项目。在这些项目中，你可以花一定的钱收养一只动物。你不能把动物带回家，但你的钱会被用于支付它的食物和医疗费用。

以下是一些收养费：

•骆驼每年500元

•鸵鸟每年800元

•大象每年1000元

55 如果你有1000元，你能收养一头骆驼或一只鸵鸟多长时间？

56 如果你有2000元，每种动物你各能收养多长时间？

关于动物保育的小知识

　　动物医生确保生活在动物园中的动物保持最佳状态。当动物快乐健康时，它们就更容易繁殖。如果它们繁殖良好，它们的数量将会增加。成功的育种有时意味着可以将濒临灭绝的动物重新引入野外并让它们生活在保护区中。

　　金狮面狨因为它们的黄金皮毛而被猎杀，它们是濒危动物，在野外只有1 000只左右。

一只刚出生的大象宝宝

自从新的雌性大象来到动物园，时间已经过去了将近两年。今天早上，它生下了一只小象。虽然母乳是新生动物最好的食物，但动物饲养员决定给小象额外的奶来帮助它成长。

喂养小象宝宝

小象需要每天用瓶子喂奶6次。

在第一天，小象有6次定时喂食，每次间隔3小时，从早上6：00开始，晚上9：00结束。

57 应该在一天中的什么时间喂小象？

在4个月大的时候，小象体重100千克，需要吃素食。

58 饲养员每天喂给小象等于它体重 $\frac{1}{10}$ 的食物。这需要多少食物？

59 一周给小象吃多少素食？

60 如果小象每天只吃一半的素食，一周内会吃多少？

61 如果小象每天只吃给它的食物的 $\frac{3}{4}$，一周内会剩下多少食物没有吃？

数据表	动物园幼崽	
动物	妊娠期	出生体重
长颈鹿	15个月	59千克
红河豚	120—127天	680克
熊猫	120—150天	100克
环尾狐猴	134天	50克
大象	22个月	91千克
大猩猩	8.5个月	2千克
狮子	14—15周	1.5千克
小鼠	21天	1.1克
食蚁兽	190天	1.2千克
马来貘	13个月	10千克
灰狼	63天	400克
山斑马	12个月	25千克

它们何时降生？

动物园里的一些动物在三月怀孕了。

动物园兽医需要知道动物什么时候会生下幼崽。

62 下面的时间线展示了幼崽出生于几月。使用上一页的数据表来计算哪些动物与a、b、c、d、e的幼崽相匹配。

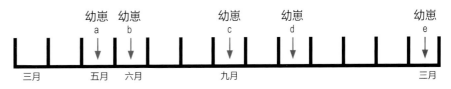

幼崽 a	幼崽 b	幼崽 c	幼崽 d	幼崽 e

三月　　　五月　六月　　　九月　　　　　　　　三月

63 把数据表中的所有动物按照出生体重从重到轻的顺序排序。

（第29页有小提示，可以帮你回答这些问题。）

小提示

第6页
板条箱的正确尺寸

重要提示： 你需要思考以下关于木箱的问题：

箱子够高吗？

箱子够长吗？

箱顶是用什么做的？

第8-9页
剂量是多少？

重要提示： 对于问题7，你可以先在其他两列中找出提示，这样更容易回答其他问题。

药物的剂量

药物的剂量通常以毫克和毫升为单位来表示。下面是一些常见的度量单位。

重量

1毫克（mg）

1克（g）=1000毫克（mg）

1千克（kg）=1000克（g）

1吨=1000千克（kg）

容积

1毫升（ml）

1分升（dl）=100毫升（ml）

1升（L）=1000毫升（ml）

长度

1毫米（mm）

1厘米（cm）=10毫米（mm）

1米（m）=100厘米（cm）

1千米（km）=1000米（m）

第12-13页
需要多少食物？

百分数是分数的一种特殊形式。这意味着"100的一部分"。例如：50%是$\frac{50}{100}$，25%是$\frac{25}{100}$。

百分比对于计算金额非常有用。它们经常被用于表示商店售价，以显示降价多少出售。

如果有东西以¥10.00的价格出售，你可能会看到：

50%的折扣（这将使价格变为¥5.00）

25%的折扣（这将使价格变为¥7.50）

75%的折扣（这将使价格变为¥2.50）

第14-15页
有多少个虫卵？

当整百数相乘时，如200×300，可以先计算2×3，得数是6，然后观察200和300中的0的总数，加等量的0在6的后面。整百数和一位数或整十数相乘也是同样的道理。

例如：

2×300=600

20×300=6 000

200×300=60 000

第16-17页
灵长类动物们的体重

重要提示： 将测量值转换为同一单位可以使计算更容易。

例如： 6.8千克和340克可以换算成6 800克和340克，也可以换算成6.8千克和0.34千克。

（记住：1千克=1000克。）

第7页

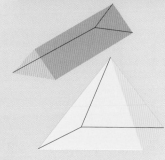

哪种形状？

重要提示： 记住，圆形只有一个面，没有顶点。你可以计算每个形状的面数和顶点数。

第20-21页

如何饲养狐獴?

重要提示: 周长是一个封闭形状一周的长度。你可以用3种不同的方式计算矩形的周长:

·将4条边加在一起。

·将长和宽相加,然后乘2。

·将长的长度乘2,然后把宽的长度乘2,再把两个乘积加在一起。

围栏

重要提示: 想要计算周长,请计算图形的外部边缘长度。图形的内部空间大小称为"面积"。

第22-23页

狐獴体重表

在这个图表中,你可以连接竖线的顶端来得到一条连续的线。左边的数不会从0开始,因为:①狐獴体重永远不会是0,②从500开始能使图表更清晰。

在哪里放置食物?

当你使用网格图时,你需要先沿着网格的底部读数,然后向上读数。

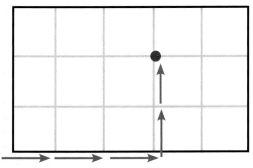

例如: 网格点(3,2)意味着沿底部走3格,然后向上2格找到确切的点。

第24-25页

动物园的预算

当你购物时,可以通过把价格凑整来计算出总价格。比如,你可以把¥3.99估为¥4.00,以便更容易计算,但别忘了在最后去掉估算的差额以获得确切的金额。

估算也可以帮助你计算你将收到多少零钱。例如狮子帽的价格是¥6.95,如果你用¥10付款,你可以把¥6.95估为¥7.00,¥10减去¥7剩下¥3,再加上估算的差额,确切的找零金额是¥3.05。

第26-27页

它们何时降生?

时间线是一种刻度线。刻度是连续的,在两个方向上可以无限延伸。刻度线可以帮助我们更好地理解一些需要思考的数字问题。

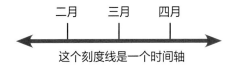

这个刻度线是一个时间轴

这是另外一种时间轴

答案

第6-7页

板条箱的正确尺寸

1）d

2）板条箱"d"是最好的选择，因为它比大象略高，大到足以让它转身，而且它有一个细网格顶棚。

3）3米 - 2.4米 = 0.6米

哪种形状？

4）形状的名称是：

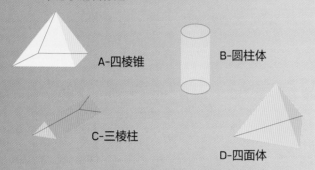

A-四棱锥

B-圆柱体

C-三棱柱

D-四面体

5）形状A和C各有五个面。形状A有五个顶点。

6）形状B的面最少，有一个曲面和两个圆形面。

第8页

剂量是多少？

7）完整的表格应该是这样的：

1 ÷ 2	$\frac{1}{2}$	0.5
1 ÷ 4	$\frac{1}{4}$	0.25
3 ÷ 4	$\frac{3}{4}$	0.75
1 ÷ 10	$\frac{1}{10}$	0.1

8）20的 $\frac{1}{4}$ 是5，80的 $\frac{1}{4}$ 是20，800的四分之一是200。

9）100的 $\frac{1}{10}$ 是10，50的 $\frac{1}{10}$ 是5。

10）大象需要875毫克镇静剂。

11）你需要17.5毫升的注射液。

测量

12）900毫升　　13）10毫升　　14）100毫升

15）50毫升　　　16）6毫升

第10-11页

选择正确的旅程

17）选择路线2旅程时间最短。

18）路线2需要11小时。

19）需要4次。

20）你停下了8次。

21）下午3：30。

第12-13页

需要多少食物？

22）食物中有15%（$\frac{15}{100}$）的香蕉。

23）卷心菜占食物的10%。

24）干草和甘蔗占食物的40%或$\frac{40}{100}$。

需要多少捆干草？

25）再来14捆就可以填满鳄鱼车了。

26）造好床需要24捆。

27）需要12捆。

第14-15页

检查寄生虫

28）完整的表格如下：

周数	0	1	2	3	4	5	6	7	8	9	10	11	12
蠕虫的数量 每3周增加一倍	1只虫			2只虫			4			8			16
蠕虫的数量 每2周增加一倍	1只虫		2只虫		4		8		16只虫		32		64
蠕虫的数量 每1周增加一倍	1只虫	2只虫	4	8	16	32	64	128	256	512	1 024	2 048	4 096

有多少个虫卵？

29）一天会产生56万个虫卵。

第16页

灵长类动物们的体重

30）成年雄性黑猩猩需要7000毫克的药物。

31）跳猴是最轻的。

32）长臂猿

33）金丝猴

第18-19页

治疗鬣狗

34）300毫升

35）5毫升

36）100滴

特殊的饮食

37）a）草：斑马和袋鼠

　　b）面包：大象和袋鼠

　　c）鸡肉：亚洲狮和狼

38）a）巧克力：亚洲狮和狼

　　b）肉：大象

　　c）黄杨：斑马

　　d）千里光：袋鼠

第20-21页

如何饲养狐獴?

39）围栏的周长为260米。

40）需要130块围栏板。

围栏

40）所有圈舍的面积是相同的。

41）围栏d最长（周长）。

第22-23页

狐獴体重表

43）780克

44）4周

45）40克

46）因为图表中狐獴每周增加了相同的体重。

47）4周

在哪里放置食物?

48）食物可以放置在（1，1），（1，2），（2，1），（2，2），（2，3），（3，2），（3，3）

第24页

动物园的预算

49）19.94元

50）2.50元

51）3.05元

52）8张明信片

53）a）6.50元　b）8.99元

54）25.90元

收养项目

55）你可以收养一头骆驼2年或一只鸵鸟1年。

56）你可以收养一头骆驼4年，或者一只鸵鸟2年，或者一头大象2年。

第26-27页

喂养小象宝宝

57）小象在早上6：00、上午9：00、中午12：00、下午3：00、下午6：00和晚上9：00需要喂食。

58）10千克

59）70千克

60）35千克

61）17.5千克

它们何时降生?

62）a 灰狼（5月）　b 狮子（6月）　c 食蚁兽（9月）　d 大猩猩（11月）　e 山斑马（3月）

63）大象、长颈鹿、山斑马、马来貘、大猩猩、狮子、食蚁兽、红河豚、灰狼、熊猫、环尾狐猴、小鼠